Bibliografische Information der Deutschen Nationalbibliothek:

Die Deutsche Bibliothek verzeichnet diese Publikation in der Deutschen National-
bibliografie; detaillierte bibliografische Daten sind im Internet über http://dnb.d-
nb.de/ abrufbar.

Impressum:

Copyright © 2012 GRIN Verlag, Open Publishing GmbH
Druck und Bindung: Books on Demand GmbH, Norderstedt Germany
ISBN: 9783668331891

Dieses Buch bei GRIN:

http://www.grin.com/de/e-book/340409/lernen-durch-bewegung-einfluss-gezielter-
bewegungsformen-auf-den-mathematikunterricht

Carlo Kuhnert

Lernen durch Bewegung. Einfluss gezielter Bewegungsformen auf den Mathematikunterricht

Am Beispiel einer fünften Realschulklasse

GRIN Verlag

Thema der Arbeit:

Lernen durch Bewegung.
Über den Einfluss gezielter Bewegungsformen auf den
Mathematikunterricht am Beispiel einer fünften Real-
schulklasse.

am

1. August 2012

Carlo Kuhnert

Inhaltsverzeichnis

1. Einleitung

1.1 Die Problemfindung

Während meiner Studienzeit verfasste ich eine Seminararbeit zum Thema „Bewegungskonzepte an Ganztagsschulen". In dieser Arbeit verglich ich drei verschiedene Schulmodelle miteinander, welche durch unterschiedlich stark ausgeprägte Bewegungskonzepte eine ganzheitliche Erziehung der Schülerinnen und Schüler anstrebten. Bei der Literaturrecherche für diese Arbeit, stieß ich auf eine Bildquelle[1], welche die Umsetzung, sowie die Erfahrungen aus Schüler- und Lehrersicht, dokumentierte. So wurden verschiedene Bewegungsphasen nicht nur in die Pausen oder in den Nachmittagsunterricht integriert, sondern auch in den alltäglichen Unterricht. Es zeigte sich, dass die Schüler mehr Spaß am Unterricht hatten und zudem einen hohen Lernzuwachs erzielten. Der Unterricht verlief störungsarm und insgesamt war ein konzentriertes und störungsfreies Arbeiten zu beobachten. Besonders in Erinnerung blieb mir in diesem Zusammenhang ein Zitat von Dieter Hermann, dem damaligen Direktor Schulleiter der Glocksee-Schule in Hannover:

„Bewegung und Lernen gehören genauso zusammen wie man soziales, emotionales und kognitives Lernen nicht voneinander trennen kann."[2]

Die eigentliche Idee zu dieser Arbeit entwickelte ich einige Zeit später, zu Beginn meines Referendariats. Ich übernahm nach den Sommerferien, unter anderem, eine fünfte Klasse in Mathematik. Obwohl die Klasse durchschnittlich leistungsstark ist und ich meine Stunden stets in den ersten drei Schulstunden halte, ist die Klasse oftmals sehr unruhig und unkonzentriert. Allein der Montag bildet eine Ausnahme. Montags haben wir in der dritten Stunde Mathematik und die Klasse hat vorher eine Doppelstunde Sport. Die Montagsstunde kennzeichnet sich dadurch, dass der Unterricht konstruktiver und störungsfreier ist als sonst. Es finden weniger Nebengespräche statt und die ansonsten deutlich wahrnehmbare motorische Unruhe, sowie unerlaubte und störende Bewegungen sind in dieser Stunde deutlich minimiert. Die Schüler wirken insgesamt frischer, motivierter und konzentrierter als sonst.

Aufgrund dieser Beobachtung erinnerte ich mich an die positiven Erfahrungen meiner Hausarbeit zum Thema „Bewegung an Ganztagsschulen" und überleg-

---

[1] Ralf Laging, Mathias Michel und Aline Becker: Bewegt den ganzen Tag. Bewegungskonzepte in der ganztägigen Schule. Schneider Verlag Hohengehren GmbH, Baltmansweiler 2007/2008
[2] ebd.

1

te mir, ob mehr Bewegung vielleicht der Schlüssel für mein Problem sein könnte. Aus eigener Erfahrung weiß ich, dass Sport sich positiv auf meine eigene Leistungsfähigkeit auswirkt, da ich durch sportliche Aktivitäten eine Art „Ausgleich" zum Beruf finde. Persönlich finde ich, dass der Bewegungsaspekt in unserem heutigen Schulsystem viel zu kurz kommt und dreimal 45 Minuten Sport für eine ganzheitliche Erziehung nicht ausreichen. Aus diesem Grund interessiert mich die Frage, ob die Unterrichtsqualität sowie die Schülerleistungen durch mehr Bewegung im Unterricht positiv zu beeinflussen sind.

1.2 Zielsetzung der Arbeit

Mit dieser Arbeit möchte ich ein Bewegungskonzept vorstellen, dass fächerübergreifend genutzt und im alltäglichen Unterricht ohne größere Umstände integriert werden kann. Wichtig hierbei ist, dass die Schülerinnen und Schüler das Bewegungskonzept akzeptieren und Spaß daran haben. Im Fokus meiner Untersuchungen stehen folgende Leitfragen:

1. Welche Reaktion zeigen die Schülerinnen und Schüler[3] auf die Übungen?
2. Kann der Unterricht mit Hilfe der Übungen störungsfreier ablaufen als zuvor?
3. Begünstigt gezielte Bewegung die kognitive Leistungsfähigkeit der Schüler? Können sie sich länger konzentrieren und bessere Lernergebnisse abrufen?
4. Wirken sich die Übungen positiv auf das Sozialklima innerhalb der Lerngruppe aus?

Zu Beginn der Arbeit beschäftige ich mich mit den theoretischen Zusammenhängen zwischen Bewegung und Lernen im Allgemeinen. Danach stelle ich mein erarbeitetes Bewegungsmodell vor und erläutere dessen Aufbau sowie Ablauf. Bei den Übungen handelt es sich um eine Zusammensetzung verschiedener Bewegungsansätze aus dem Bereich des BRAIN-GYM[4]. Allerdings soll diese Arbeit noch einen Schritt weiter gehen. Zusätzlich sollen meinem Bewegungsmodell einige kooperative Übungsformen ergänzt und ausgewertet werden. Ich möchte überprüfen, ob kooperative Bewegungsformen sich positiv auf das Sozialklima der Klasse auswirken.

Mein Forschungsfeld beschränkt sich auf eine fünfte Klasse, welche lediglich aus 21 Schülerinnen und Schülern besteht. Einerseits möchte ich die Entwicklung der ganzen Klasse beobachten, jedoch sollen andererseits auch einzelne Schüler genauer ausgewertet werden. Die Durchführung selber beträgt ein

---

[3] im weiteren Verlauf mit SuS abgekürzt
[4] Brain-Gym© ist ein eingetragenes Warenzeichen.

Zeitintervall von zwei Wochen (acht Stunden). Zu Beginn jeder Stunde sollen 10 Minuten für gezielte Bewegungsübungen zu Verfügung stehen.

2. Theoretische Hintergründe

2.1 Was hat Bewegung mit Lernen zu tun?

„Bildungssysteme, die die Beweglichkeit der Schüler auf ein Minimum reduzieren – indem sie nur noch Abfolgen von Buchstaben und Zahlen auf ein Spielfeld so groß wie ein Blatt Papier aneinanderreihen -, haben nicht verstanden wie wichtig die motorische Bewegung ist."[5]

Der Grund für Lern- und Verhaltensschwierigkeiten von Schülern liegt häufig in der unzureichenden Fähigkeit, Sinneswahrnehmungen angemessen aufzunehmen, zu ordnen und gezielt zu verarbeiten. Komplexere Handlungen, wie zum Beispiel Lesen, Schreiben und Rechnen erfordern ein reibungsloses Zusammenspiel und Verarbeiten durch unsere Sinnesorgane.[6] Bewegung und Wahrnehmung sind Lernbereiche, die nicht voneinander abzugrenzen sind. „Sie stellen die Voraussetzungen und Grundlagen für alle Kompetenzbereiche dar."[7] Demnach besitzt die Bewegung eine entscheidende Rolle bei der Gesamtentwicklung des Menschen.

Mit Bewegung kommen wir bereits das erste Mal im Mutterleib in Kontakt. Durch das rhythmische Gehen unserer Mutter, ihre Atmung und ihren Herzschlag, bildet sich für uns die Grundlage zur Ausbildung kohärenter Muster, die uns später helfen ähnliche Strukturen der Naturwissenschaften und Sprachen zu verstehen. Durch Bewegung lernen wir unsere Umwelt kennen und speichern diese in unserem Kopf ab. Jede Bewegung ist ein sensomotorischer Vorgang, der an eine genaue Kenntnis unserer physikalischen Welt angebunden ist, von dem sich wiederum alles neue Lernen ableitet. Immer wenn wir gezielte Bewegungen ausführen, kommt es zu einer Aktivierung des Gehirns, zu einer Integration und damit öffnet sich der Weg zum Lernen selbst.[8]

2.2 Erkenntnisse aus der Hirnforschung

Unser Gehirn ist die Schaltzentrale des Menschen. Von hier aus wird unser gesamtes Denken und Handeln gesteuert. Das Gehirn entwickelt sich durch seinen Gebrauch stets weiter und bildet die Schnittstelle des Körpers mit all

---

[5] Robert Sylvester: A Biological Brain In a Culturall Classroom: Applying biological research to classroom management, Corvin Press, 2000, aus: Hannaford, Carla: Bewegung – das Tor zum Lernen, VAK Verlags GmbH, Kirchzarten bei Freiburg 1996

[6] Vgl.: Beweg dich, Schule! Eine „Prise Bewegung" im täglichen Unterricht der Klassen 1 bis 10. Sol Argent Media AG, Basel 2005, S. 16

[7] ebd.

[8] Vgl.: Carla Hannaford: Bewegung – Das Tor zum Lernen. VAK Verlags GmbH, Kirchzarten 2008, S. 132 ff.

seinen Sinnesorganen. Unsere Sinnessysteme nehmen Reize auf, die unser Gehirn anschließend verarbeitet. Diese Entwicklungsprozesse fördern die Denkstruktur und Wahrnehmungsleistung, die wiederum mit unserer Motorik in Beziehung stehen. Je stärker unsere Motorik angesprochen und trainiert wird, umso stärker sind die Auswirkungen auf eine verbesserte kognitive Entwicklung. Jegliche Bewegungs- und Sinneserfahrungen tragen hierzu bei.[9]

Der Mensch besitzt bei seiner Geburt mehr als 100 Milliarden Nervenzellen, die allerdings erst dann funktionsfähig werden, wenn sie durch Synapsen miteinander verbunden sind. Bei Kindern werden diese Verbindungen in besonders hohem Maße durch die Tätigkeit der Sinnesorgane und durch körperliche Aktivitäten erzeugt. Je mehr Reize das Gehirn verarbeiten kann, desto komplexer werden die Nervenzellen miteinander verbunden.[10]
Die Aufgabe von Neuronen besteht in der Speicherung und Verarbeitung von Informationen. Reift eine Nervenzelle heran, so bildet sie zahlreiche Fortsätze aus und schafft somit Verbindungen (Synapsen) zu anderen Nervenzellen. Durch diese Verbindungen können nun chemische Stoffe hin- und her fließen, sodass ein Informationsaustausch stattfinden kann. „Neurowissenschaftler weisen immer wieder darauf hin, dass die Vernetzung aktivitätsabhängig ist."[11] Nervenzellen tauschen Informationen aus, indem sie sich gegenseitig elektronische Signale schicken. Um jedoch einen aktiven, sowie reibungslosen Informationsfluss zu gewährleisten, müssen die Nervenzellen zuvor aktiviert und stimuliert werden. Jede sinnliche Wahrnehmung oder Bewegung wird in eine elektrisch-chemische Aktivität umgewandelt und begünstigt die Ausbildung neuer Synapsen und die Verbindung weiterer Nervenzellen. Je öfter die bestehenden Verbindungen genutzt werden, desto effizienter sind diese. Eine schnelle und genaue Übermittlung von Nachrichten funktioniert nur, wenn die Synapse in Übung ist, das heißt, wenn sie ständig benutzt und gefordert wird. Überflüssige, weil nicht benutzte, Kontaktstellen werden vom Gehirn sogar abgebaut.[12] Durch mangelnde Reizsituationen leidet sowohl die Qualität als auch die Quantität der Kontakte zwischen den Nervenzellen und das Gehirn verliert an Leistungsfähigkeit. Die existierenden Nervenzellen können nun weniger effektiv arbeiten, da der Informationsaustausch nicht mehr optimal funktionieren kann.[13] Zusammenfassend können sensorische Reize (hervorgerufen durch Bewegung) als Nahrung für das Gehirn bezeichnet werden. Durch Bewegung werden verstärkt Botenstoffe produziert, die die Bildung neuer Synapsen begünstigen. Hierbei handelt es sich um sogenannte Neuro-

---

[9] Vgl.: Renate Zimmer: Handbuch der Bewegungserziehung. Verlag Herder im Breisgau 2004, S. 43 ff.
[10] ebd.
[11] Renate Zimmer: Handbuch der Bewegungserziehung. Verlag Herder im Breisgau 2004, S. 43
[12] Vgl.: A. John Eyres: Bausteine der kindlichen Entwicklung. Berlin: Springer Verlag 2002, S. 65
[13] Vgl.: Renate Zimmer: Handbuch der Bewegungserziehung. Verlag Herder im Breisgau 2004, S. 43 ff.

trophine, die vorhandene Nervenzellen zum Wachstum anregen, neue Zellen entstehen lassen und somit Lern- und Verstehensprozesse ermöglichen und verbessern.[14]

2.3 Der gesellschaftliche Wandel

In den letzten 50 Jahren haben sich die Umweltbedingungen für SuS in zunehmendem Maße stark verändert. Die Reize, die heutzutage auf das Gehirn von Kindern und Jugendlichen einströmen, sind vergleichsweise nicht nur extrem angestiegen, sondern werden auch immer komplexer. So unterliegen beispielsweise Ernährung, das soziale Gefüge und die Freizeitbeschäftigungen heutiger Jugendlicher einem enormen Wandel. Früher haben Kinder ihre Freizeit aktiv spielend, lesend, oder helfend in Haus und Hof verbracht. Der Alltag war geprägt von viel Bewegung. „Heute sind Kinder stundenlang der Reizüberflutung des Fernsehens ausgesetzt und verbringen oft ganze Nachmittage am Computer."[15] Diese Jugendlichen entdecken ihre Welt kaum noch durch eigene Aktivitäten. Einerseits verlangen die neuen Medien den Kindern ein Höchstmaß an Konzentration ab, jedoch sprechen diese häufig nur den Hör- und den Sehsinn an. Laut Ursula Oppolzer[16] provoziere dieser Mangel an körperlich-sinnlichen Erfahrungen vermehrt Störungen in der Wahrnehmungsverarbeitung und verursache darüber hinaus Krankheiten wie Übergewicht, Rückenprobleme und Herz- Kreislaufbeeinträchtigungen.

Sie beschreibt, dass allein das stundenlange Sitzen in der Schule und zu Hause sich negativ auf die Leistungsfähigkeit in der Schule auswirke. Zu langes Sitzen provoziere Unaufmerksamkeit, Unterrichtsstörungen und verminderte Leistungsfähigkeit.

Die heutige Lebenswelt von Schülern provoziert darüber hinaus eine ständige Anhebung der Reizschwelle, die nötig ist, um das eigenständige Handeln und Denken zu begünstigen. Verbunden mit mangelnder Bewegung, sowie Entspannung, ergeben sich Konzentrations- und Lernschwierigkeiten. Das Gehirn verlangt in Folge dessen nach immer größeren Reizen um in Aktion zu treten, wobei die maximale Konzentrationsspanne gleichzeitig immer kürzer wird.[17]

Auch für den Unterricht bedeutet das, dass die SuS häufiger unkonzentriert und abgelenkt sind. Diese Problematik bringt allerdings noch weitere Folgen mit sich. Das menschliche Gehirn ist der Sitz des Verstandes, der Emotionen und Gefühle. Unser Gehirn steuert nicht nur Bewegungen, sondern die Ausschüttung und Regulierung unserer Hormone. So wird deutlich, dass die geis-

---

[14] Vgl.: Carla Hannaford: Bewegung – Das Tor zum Lernen. VAK Verlags GmbH, Kirchzarten 2008, S. 135
[15] Ursula Oppolzer: Bewegte Schüler lernen leichter. Ein Bewegungskonzept für Primarstufe und Sekundarstufe. Verlag modernes Lernen, Borgmann KG, Dortmund, 2004, S. 14 ff.
[16] ebd.
[17] Vgl.: Ursula Oppolzer: Bewegte Schüler lernen leichter. Ein Bewegungskonzept für Primarstufe und Sekundarstufe. Verlag modernes Lernen, Borgmann KG, Dortmund, 2004, S. 17 ff.

tigen Funktionen des Menschen eng mit den körperlichen und seelischen in Beziehung stehen. Aus diesem Grund ist es notwendig, den Lernenden ganzheitlich anzusprechen und zu schulen. Durch gezielte Bewegungseinheiten kann das Gehirn immer wieder aktiviert werden und bleibt somit leistungsfähig.[18]

2.4 Gezielte Bewegungen durch Brain-Gym

Brain-Gym bedeutet wörtlich übersetzt „Gehirngymnastik". Es ist der Name für eine Reihe einfacher Bewegungsübungen und Aktivitäten, welche die Lernfähigkeit fördern sollen. Brain-Gym-Übungen unterliegen keiner Altersbegrenzung und sind demnach für alle Altersstufen geeignet. Sie erleichtern das Lernen und eigenen sich deshalb besonders für den Einsatz an schulischen Institutionen. Die Brain-Gym-Übungen stellen den wesentlichen Kern der Educational Kinesiology (eingedeutscht: Edu-Kinestetik) da. Das englische Wort education stammt vom lateinischen educare und bedeutet „herausholen oder herauszuziehen". Kinesiology leitet sich hingegen vom griechischen Wort kinesis ab und bedeutet „Bewegung".[19] Die Edu-Kinesthetik ist eine von Paul Dennison entwickelte Methode, welche den Lernenden dazu verhelfen soll, ihr gesamtes Lernpotenzial abzurufen. Bestimmte Körperbewegungen und gezielte Berührungen sollen dabei helfen. Laut Paul Dennison sind manche Teile unseres Gehirns oftmals blockiert und demnach nicht in der Lage, neue Informationen aufzunehmen und zu verarbeiten. Gerade wenn wir uns zu sehr bemühen einen neuen Sachverhalt zu verstehen, kann es in Folge dessen zu solchen Blockaden kommen. Brain-Gym soll das Lernen mit dem ganzen Gehirn ermöglichen. Durch gezielte Bewegungen soll eine Neustrukturierung des Gehirns geschaffen werden, wodurch diejenigen Teile des Gehirns zugänglich gemacht werden, die vorher blockiert waren.

Brain-Gym-Übungen sind einfache und unkomplizierte Bewegungsübungen, die je nach Übung entweder liegend, sitzend oder stehend ausgeführt werden können. Insgesamt gibt es 26 Brain-Gym-Übungen, welche in Bezug auf ihre Auswirkungen in drei Untergruppen zugeordnet sind. „Diese Zuordnung basiert auf der Grundannahme, dass das menschliche Gehirn als ein dreidimensional Ganzes, mit seinen unterschiedlichen Teilen wechselseitig in Verbindung steht."[20] Die drei Dimensionen des Gehirns beschreibt Dennison mit der Lateralität, der Zentrierung und der Fokussierung.

---

[18] ebd.

[19] Vgl.: Paul E. Dennison, Gail E. Dennison: BRAIN-GYM, VAK Verlags GmbH, Kirchzarten 2004, S. 8

[20] www.monikadrinda.de/resources/Artikel2_Comed.pdf

1. Übungen zur Mittellinienbewegung (Übungen zur links-rechts-Dimension)

Der Mittellinienübungsbereich steht für die Lateralität (Seitigkeit) des Menschen. Lateralität ist die Voraussetzung für unsere informationsverarbeitende Intelligenz. „Die Lateralität ist die Dimension für die Aufnahme und Weitergabe von Wissen."[21] Wie gut unser Zugang zur Lateralität ist, erkennen wir an unserer Fähigkeit zu schreiben, zu denken, zu lesen, zu sprechen und zuzuhören. Mittellinienbewegungen können diese Fähigkeiten verbessern, indem sie Fertigkeiten trainieren, bei denen die vertikale Körpermittellinie gekreuzt wird. Im Mittelpunkt der Fokussierung steht das gelungene Zusammenspiel der rechten und der linken Gehirnhälfte, da die linke Körperhälfte von der rechten Hirnhälfte und die rechte Körperhälfte von der linken Hirnhälfte gesteuert wird.[22] So geht es beispielsweise um eine harmonische Zusammenarbeit von Augen und Ohren. „Die unterschiedlichen Fähigkeiten der beiden Gehirnhälften, das bildhafte (rechte Gehirnhälfte) und analytische Denken (linke Gehirnhälfte), werden hier als Einheit verfügbar, wenn beide als Team optimal zusammenarbeiten."[23] Die Überkreuzbewegung ist die ideale Bewegung, um die Integration beider Seiten zu erfahren, „denn sie setzt die Koordination beider Gehirnhälften und beider Arme und Beine voraus, die abwechselnd rhythmisch bewegt werden."[24] Nach Dennison[25] tragen regelmäßige Überkreuzbewegungen schon nach einigen Tagen dazu bei, die Kernelemente der menschlichen Bewegung zu verbessern und zu stärken.

2. Die Energieübungen (Übungen zur oben-unten-Dimension)

„Der Energieübungsbereich steht für Zentrierung, die Verbindung zwischen oberen und unteren Gehirnbereichen sowie oben und unten auf Körperebene."[26] „Die Fähigkeit zur Zentrierung ist die Quelle unserer emotionalen Intelligenz."[27] Energieübungen zielen darauf ab, die positive Einstellung des Lernenden zu stärken. Die Dimension der Zentrierung beruht auf der Verbindung zwischen dem emotional limbischen System (im unteren Teil des Gehirns), das alle eingehenden sensorischen Informationen verarbeitet und dem rationalen cerebralen Kortex (an der Oberseite des Gehirns). Die Zentrierung

---

[21] Paul E. Dennison: Brain-Gym – Mein Weg. Lernen mit Lust und Leichtigkeit. VAK Verlag GmbH, Kirchzarten bei Freiburg 2006, S. 97
[22] Vgl.: Paul E. Dennison: Brain-Gym – Mein Weg. Lernen mit Lust und Leichtigkeit. VAK Verlag GmbH, Kirchzarten bei Freiburg 2006, S. 95 ff.
[23] www.monikadrinda.de/resources/Artikel2_Comed.pdf
[24] Paul E. Dennison: Brain-Gym – Mein Weg. Lernen mit Lust und Leichtigkeit. VAK Verlag GmbH, Kirchzarten bei Freiburg 2006, S. 97
[25] ebd.
[26] www.monikadrinda.de/resources/Artikel2_Comed.pdf
[27] Paul E. Dennison: Brain-Gym – Mein Weg. Lernen mit Lust und Leichtigkeit. VAK Verlag GmbH, Kirchzarten bei Freiburg 2006, S. 117

schafft eine Verbindung zwischen den instinktiven und manchmal irrationalen Bedürfnissen der unteren Teile des Gehirns und den eher logischen Fähigkeiten des Kortex.[28] „Eine mangelnde Zentrierung in diesem Bereich kann einerseits zu irrationalen Kampf-Flucht-Reaktionen führen, oder zu massiven Schwierigkeiten Emotionen auszudrücken."[29] Die emotionale Zentriertheit äußert sich durch ein emotionales Gleichgewicht und Wachheit unseres physischen, psychischen und mentalen Systems.[30] Energieübungen verursachen eine positive Einstellung zum Leben und Lernen.

3. Die Längungsbewegungen (Übungen zur vorne-hinten-Dimension)

Übungen zu den Längungsbewegungen sollen die Fokussierung fördern. Unter Fokussierung versteht Dennison[31] die Intelligenz, die sich in unserer bewussten Aufmerksamkeit zeigt. Die Fähigkeit unsere Beteiligungsmittellinie (senkrechte Linie durch die seitliche Ansicht des Körpers) zu kreuzen, ist für ihn der Schlüssel zur Konzentration und zum Verständnis. Die Dimension der Fokussierung beruht auf der Verbindung zwischen dem Hirnstamm, in dem die einfachen Überlebensinstinkte sitzen und dem Stirnlappen, der für die emotionslose Vision unseres Ziels verantwortlich ist.[32] Es geht darum neue Informationen mit dem bereits gespeicherten Vorwissen zu verknüpfen. Schüler, denen es schwer fällt sich zu fokussieren, werden oftmals als unaufmerksam, hyperaktiv oder sprachlich zurückgeblieben etikettiert. Zudem fällt es ihnen schwer, zuvor Gelesenes mit eigenen Worten wiederzugeben. Arbeiten Hirnstamm und Hirnlappen nicht reibungslos miteinander, können einfache Stresssituationen wie Leistungskontrollen zu Black-Out-Situationen führen, da der Gehirnstamm diese Situation als bloße Überlebenssituation erkennt und somit fasch einstuft.[33] Durch Stresssituationen und Fehlhaltungen (zu langes Sitzen) können Verspannungen entstehen, denen durch Längungsbewegungen entgegengewirkt werden kann.

„Lernen mit dem ganzen Gehirn – was noch zur Zeit unserer Großeltern viel leichter war – ist dann möglich, wenn mit diesen drei Elementen der Kontext dafür geschaffen wird, und zwar in Form von Ganzkörper-Bewegungen."[34] Gelingt es uns, die Dimension Zentrierung durch die Dimension Fokussierung

---

[28] ebd.
[29] www.monikadrinda.de/resources/Artikel2_Comed.pdf
[30] Vgl.: www.monikadrinda.de/resources/Artikel2_Comed.pdf
[31] Paul E. Dennison: Brain-Gym – Mein Weg. Lernen mit Lust und Leichtigkeit. VAK Verlag GmbH, Kirchzarten bei Freiburg 2006, S. 118
[32] ebd.
[33] www.monikadrinda.de/resources/Artikel2_Comed.pdf
[34] Paul E. Dennison: Brain-Gym – Mein Weg. Lernen mit Lust und Leichtigkeit. VAK Verlag GmbH, Kirchzarten bei Freiburg 2006, S. 120

und Lateralität auszubalancieren, so sind wir in der Gegenwart stärker präsent. Wir sind emotional stabil und unser Selbstbewusstsein ist gestärkt. Somit sind wir optimal organisiert und in der Lage effektiv zu handeln und zu lernen. Wir sind uns unserer Aufgaben bewusst und gelangen mühelos in Richtung unserer Zielvorstellung, indem wir entspannt sind und rational arbeiten können. „Die vollständige Integration dieser drei Aspekte ermöglicht den Einsatz des gesamten Gehirns und die Integration von Körper und Herz."[35] „So ist die Balance auf diesen drei Ebenen eine Grundvoraussetzung für das schulische Lernen."[36]

2.5 Legitimation durch den Lehrplan

In dem vorangegangenen Teil meiner Arbeit habe ich versucht darzulegen, wie Bewegung und Lernen miteinander in Verbindung stehen. In der Literatur findet man zahlreiche Belege dafür, dass Lernen und Bewegung eng miteinander verzahnt sind und Bewegung das Lernen positiv beeinflusst. Allerdings möchte ich die Wahl meines Themas zusätzlich durch Auszüge aus dem Lehrplan begründen. Dieser definiert Bewegung als „einen eigenständigen und nicht ersetzbaren Beitrag des Bildungs- und Erziehungsauftrags der Schule."[37] Er besagt weiterhin, dass Bewegung aus lernbiologischen Gründen nicht nur auf den Schulsport beschränkt bleiben darf. „Als Unterrichtsprinzip umfasst Bewegung im Sinne der Rhythmisierung des Lebens und Lernens in der Schule zum Beispiel auch Bewegungs- und Entspannungszeiten im Unterricht anderer Fächer."[38] Weiterhin heißt es, dass die Schule sowohl für die intellektuelle Entwicklung verantwortlich ist, als auch für die Entwicklung der körperlichen und motorischen Fähigkeiten Jugendlicher.[39] Und genau hier soll meine Arbeit ansetzen. Ich möchte durch ein gezieltes Bewegungskonzept dem drohenden Bewegungsmangel von Schülern entgegenwirken und gleichzeitig deren intellektuelle Entwicklung fördern.

3. Die Beschreibung der Klassensituation

Die fünfte Klasse der Schule setzt sich aus 21 SuS (10 Mädchen und 11 Jungen) im Alter von 10 bis 11 Jahren zusammen. Ich unterrichte die Klasse im Fach Mathematik seit August 2011.

Insgesamt handelt es sich um eine sehr lebendige Klasse, was besonders zu Beginn einer Stunde deutlich wird, da die SuS Probleme haben, mit dem

---

[35] ebd.
[36] www.monikadrinda.de/resources/Artikel2_Comed.pdf
[37] Lehrplan Sport für die Realschule in Hessen S. 3
[38] Lehrplan Sport für die Realschule in Hessen S. 3
[39] Lehrplan Sport für die Realschule in Hessen S. 3

Stundengong auf ihrem Platz zu sitzen. Dass die SuS einer fünften Klasse einen enorm hohen Bewegungsdrang haben, fällt besonders in den Pausen auf, in denen es sehr laut wird und die SuS im Klassenzimmer und auf den Fluren umher rennen. Innerhalb des Unterrichts beobachte ich häufig, dass es vielen SuS schwer fällt, sich 45 Minuten ruhig auf ihrem Platz zu sitzen. Obwohl ich mich bemühe, möglichst viel Bewegung in meinen Unterricht einzubauen, kommt es im Unterricht selber oftmals zu Störungen durch unerwünschte Bewegungen der SuS. So kippeln sie beispielsweise mit ihren Stühlen, durchwühlen lautstark ihre Mäppchen, oder laufen unaufgefordert durch die Klasse. S. (2), J. (1) und G. (2) fallen diesbezüglich besonders häufig auf. Zusätzlich neigen sie dazu, unaufgefordert in den Unterricht hineinzurufen.

Insgesamt besitzt die Klasse ein recht hohes Leistungspotenzial, welches wegen Unkonzentriertheit und zahlreicher Störungen nicht immer abgerufen werden kann. In Rücksprache mit anderen Fachlehrern wurde mir bestätigt, dass die

zwar leistungsstark, aber auch sehr unruhig ist. Obwohl der Mathematikunterricht stets in den ersten drei Schulstunden stattfindet, habe ich den Eindruck, dass die Klasse oftmals angespannt oder unkonzentriert ist. Gerade bei frontalen Unterrichtssequenzen ist die Gefahr groß, dass einige SuS dem Unterrichtsgeschehen nicht mehr folgen und sich mit anderen Dingen beschäftigen. Da die Klasse zu Beginn des Schuljahres neu zusammen gesetzt wurde, kommt es hier und da zu kleineren Streitereien zwischen einzelnen SuS. Es ist zu beobachten, dass sich einerseits eine Klassengemeinschaft ausprägt, die auf der anderen Seite allerdings noch zu verbessern ist.

4. Die Auswahl und Beschreibung der Übungen

4.1 Didaktisch – methodische Überlegungen

Insgesamt stehen aus dem Bereich des Brain-Gym 26 Übungen zur Verfügung. Dennison verweist in seinen Büchern wiederholt auf die Sinnhaftigkeit der Verknüpfung und der Ausführung mehrerer Brain-Gym-Übungen nacheinander. Für die Durchführung sollte ein Zeitfenster von nicht mehr als zehn Minuten zur Verfügung stehen, sodass ich mich auf einige ausgewählte Übungen konzentrieren musste. Zusätzlich wollte ich mein Bewegungsmodell um einige kooperative Übungsformen ergänzen. Bei der Auswahl dieser Übungen griff ich auf die Übungssammlung von Wolfgang Amler und Dr. Wolfgang Knörzer zurück, welche sie in ihrem Buch „Fit in 5 Minuten – Bewegungspausen in Schule, Seminar, Beruf und Alltag"[40] beschreiben. Geplant

---

[40] Wolfgang Amler, Dr. Wolfgang Knörzer: Fit in 5 Minuten – Bewegungspausen in Schule, Seminar, Beruf und Alltag; © 1999 Karl F. Haug Verlag, Hüthing GmbH, Heidelberg; S. 10 bis 83

war es, mit den kooperativen Übungen zu beginnen und anschließend die Brain-Gym-Übungen auszuführen. Bei der Auswahl der kooperativen Übungen, sowie der Übungen aus dem Bereich des Brain-Gym, waren mir folgende Kriterien besonderen wichtig:

- Die Übungen sollten schnell zu erlernen und anschließend leicht durchführbar sein.
- Die Übungen sollten einen möglichst motivierenden Charakter für die SuS besitzen und ihnen Spaß machen.
- Bei der Auswahl und Zusammenstellung waren die gegebenen Räumlichkeiten zu beachten. Die Sitzordnung und die Anordnung des Mobiliars sollten nicht verändert werden, weshalb einige Übungsformen bereits von Beginn an ausschieden.
- Außerdem versuchte ich die Auswahl so zu gestalten, dass die Übungen für die SuS keine peinlichen oder beschämenden Elemente enthielten.
- Aus jeder Dimension des Brain-Gym sollten zunächst drei Übungen vertreten sein.
- Das Bewegungsmodell sollte stets mit einer kooperativen Übung beginnen.
- Bei der Auswahl der kooperativen Übungen bevorzugte ich Übungen, die einen hohen Bewegungsanteil besitzen.
- Das Bewegungsmodell sollte mit eher anstrengenden, weil bewegungsintensiven, Elementen beginnen und mit eher ruhigen Brain-Gym-Übungen enden. Ziel war ein harmonischer Übrgang in den weiteren Verlauf der Stunde.
- Innerhalb der Brain-Gym-Übungen entschied ich mich erst die Mittellinienbewegungen, anschließend die Längungsbewegungen und zum Schluss die Energieübungen durchzuführen.
- Die Brain-Gym-Übungen sollten sich täglich wiederholen, während bei den kooperativen Übungen täglich eine neue Übung stattfand. Einerseits sollten die SuS im Laufe der Übungen Routine erhalten und andererseits sollte dennoch etwas Abwechslung vorhanden sein.

Unter Berücksichtigung der oben genannten Kriterien erstellte ich ein erstes Bewegungsmodell, dessen einzelne Übungen im Anhang detailliert vorgestellt werden. Alle Übungen sind zur besseren Verdeutlichung mit Originalphotos versehen. Das Modell beginnt mit einer kooperativen Übungsform, wobei jeder Wochentag eine eigene Übung hat und endet mit einer festen Reihenfolge an Brain-Gym-Übungen:

Das Bewegungsmodell		
Kooperative Bewegungsübungen	Montag	Pendel
	Mittwoch	Schieben
(Wechsel in Abhängigkeit vom Wochentag)	Donnerstag	Laufen gegen den Widerstand
	Freitag	Gordischer Knoten

Brain-Gym-Übungen	Überkreuzbewegung	(Mittellinienbewegung)
	Liegende Acht	(Mittellinienbewegung)
(tägliche Durchführung)	Nackenrollen	(Mittellinienbewegung)
	Armaktivierung	(Längungsbewegung)
	Wadenpumpe	(Längungsbewegung)
	Schwerkraftgleiter	(Längungsbewegung)
	Energiegähnen	(Energieübung)
	Denkmütze	(Energieübung)
	Hook-ups	(Energieübung)

Eine genaue Beschreibung der einzelnen Übungen befindet sich im Anhang.

5. Die Durchführung im Unterricht

5.1 Planerische Vorüberlegungen

Bei der weiteren Planung für die unterrichtspraktische Durchführung orientierte ich mich an den Leitfragen der Arbeit[41]. Da ich die Übungen nach den von mir aufgestellten Kriterien ausgesucht hatte, wusste ich nicht, welche Reaktion die SuS zeigen werden. Mir war es deshalb besonders wichtig, ein frühes Feedback der SuS zu bekommen. Aus diesem Grund erstellte ich einen Auswertungsbogen[42], in dem die SuS die Übungen bewerten konnten. Ziel sollte es sein, Übungen, die den SuS nicht gefallen rechtzeitig austauschen zu können, um somit mein Bewegungsmodell zu optimieren.

Ob hingegen gezielte Bewegungen einen störungsfreieren Unterricht ermöglichen, sollte einerseits durch das gezielte Beobachten einzelner SuS erfolgen und andererseits durch die Beobachtung der gesamten Klasse.

Um einen eventuellen Zuwachs bezüglich der kognitiven Leistungsfähigkeit festzustellen, gibt es in der Literatur zahlreiche Möglichkeiten in Form von Konzentrations- oder Knobeltests. Da ich mein Bewegungsmodell im Rahmen des Mathematikunterrichts einer fünften Klasse der Realschule erprobte, erstellte ich einen Kopfrechentest[43]. Dieser sollte den kognitiven Ist-Zustand der SuS vor und nach den Bewegungsübungen messen und durch dessen Auswertung einer zielgerichteten Reflexion dienen.

Durch das zusätzliche Element einiger kooperativer Bewegungsübungen, sollte das Untersuchungs- und Auswertungsfeld um einen weiteren Punkt ausgebaut werden. Am Ende der zwei Wochen sollten die SuS von mir einen Frage- und Auswertungsbogen[44] erhalten, der gezielt auf die zu untersuchenden Punkte der Arbeit eingeht und nach der Meinung und dem Empfinden der SuS fragt. Mit Hilfe dieses Fragebogens erhoffte ich mir auswertbare Aussagen darüber, ob und warum die SuS der Meinung sind, dass die kooperativen Übungen das Sozialklima der Klasse fördern (nicht fördern) könnten.

Insgesamt hatte ich für die Durchführung einen Zeitraum von zwei Wochen geplant, allerdings waren im Vorfeld noch einige Dinge zu klären. Als erstes informierte ich die Schulleitung über mein Vorhaben, sodass sicher gestellt war, dass in den zwei Wochen der Durchführung kein Unterricht in der Klasse ausfiel und ich mein Projekt ungestört durchführen konnte. Zusätzlich informierte ich die Klassenlehrerin sowie die anderen Kollegen, die in der Klasse unterrichteten. Ich schaute im Klassenbuch nach, welches Zeitintervall sich

---

[41] siehe Kapitel 1
[42] siehe Anhang
[43] siehe Anhang
[44] siehe Anhang

besonders gut für meine Durchführung eignen würde. Wichtig hierfür war, dass innerhalb der zwei Wochen kein Feier- oder Wandertag liegen würde und alle SuS durchgängig anwesend sind. Ich entschied mich die Durchführung in dem Zeitraum vom 30. April bis 11. Mai anzusetzen. Da ich vor hatte, das Projekt mit Fotos der SuS zu dokumentieren, setzte ich im Vorfeld einen Elternbrief auf, der die Eltern über mein Vorhaben informieren sollte und gleichzeitig um deren Erlaubnis bat, ausgewählte Fotos der SuS in meine Arbeit aufzunehmen. Bis zum 30. April hatte ich die Einverständniserklärungen aller Eltern erhalten.

Mit der Herausgabe des Elternbriefes stellte ich die Idee gleichzeitig den SuS vor. Dazu fragte ich die Klasse wer in seiner Freizeit gerne Sport mache. Sofort herrschte eine rege Diskussion über das Praktizieren verschiedener Sportarten. Nach einiger Zeit lenkte ich zielführend ein und fragte die SuS warum sie denn in ihrer Freizeit so viel Sport machten. Die meisten Antworten bezogen sich darauf, dass Sport Spaß mache und man dadurch seinem Körper etwas Gutes tue. Als nächstes fragte ich, ob sich die Klasse denn vorstellen könnte in den Schulalltag mehr Bewegung einfließen zu lassen. Die Antworten hierauf waren durchweg positiv. Es zeigte sich, dass die SuS durchaus von dem Gedanken begeistert waren, mehr Sport und Bewegung in den schulischen Alltag zu integrieren.

Im Anschluss stellte ich ihnen mein Bewegungskonzept und die damit verbundene Zielsetzung vor. Ich erklärte ihnen, dass ich untersuchen möchte, ob sich mit diesem Bewegungskonzept die Leistungsfähigkeit, sowie das Klassen- und Lernklima verbessern ließen.

Die Reaktion der SuS erwies sich als sehr positiv. Die Bereitschaft etwas Neues in dieser Form auszuprobieren war groß, was ich an den zahlreichen Nachfragen der Kinder erkennen konnte. Die Kinder schienen sich sehr auf das „Experiment" zu freuen, sodass mein Ziel, die Neugier der SuS zu wecken, erreicht war.

In dem folgenden Kapitel beschreibe ich die 14-tägige Durchführung meines Bewegungsmodells im Unterricht.

5.2 Die Durchführung – Tag 1

Den Beginn der Durchführung legte ich auf Montag den 30.4.2012. Nach der Begrüßung erinnerte ich die SuS an unser Vorhaben. Bereits als ich den Klassenraum betrat wurde ich schon von einigen SuS gefragt, ob wir denn heute die neuen Bewegungsübungen durchführen würden. Um den momentanen Ist-Zustand bezüglich der kognitiven Leistungsfähigkeit zu messen, war es zunächst erforderlich, den Kopfrechentest[45] schreiben zu lassen. Ich teilte also den Test aus und erklärte, dass jeder 10 Minuten Zeit habe, um möglichst viele Aufgaben zu lösen. Ich betonte, dass es sich hierbei um Kopfrechenaufgaben handle und die SuS bitte keine Nebenrechnungen an den Rand schreiben sollten. Diese Anweisung hielt ich für eine korrekte Durchführung für wesentlich, da das Testergebnis sonst verfälscht worden wäre. Im normalen Mathematikunterricht lege ich in dieser Klasse großen Wert auf schriftliche Nebenrechnungen, da die meisten SuS ihre Kopfrechenfähigkeiten oftmals überschätzen und sich verrechnen. Bei dem Kopfrechentest handelt es sich um eine Aufgabensammlung von 50 Aufgaben. Es ist beabsichtigt, dass die SuS soweit rechnen wie sie in der zur Verfügung stehende Zeit kommen. Der Test ist so ausgelegt, dass keiner der SuS fertig werden soll. Bei der Auswahl der Aufgaben habe ich mich an den Leistungsstand der Klasse angepasst. Einige Aufgaben sind leichter, andere hingegen schwerer. Dennoch sollte die SuS aufgrund des Schulstoffes des vergangenen Halbjahres ohne weitere Fragen die Aufgaben lösen können.

Sobald ich den Test ausgeteilt hatte, wurde es sehr ruhig in der Klasse. Alle SuS rechneten konzentriert an dem Test und wirkten überaus konzentriert. Innerhalb der Bearbeitungszeit lief ich in der Klasse herum. Es zeigte sich, dass alle SuS nach ihren Fähigkeiten und sehr ehrgeizig versuchten, möglichst viele Aufgaben zu lösen. Nach zehn Minuten beendete ich die Bearbeitungszeit, durch ein akustisches Signal (Klangstab) und sammelte den Kopfrechentest ein. Eine genauere Auswertung des Kopfrechentests soll an einem späteren Zeitpunkt erfolgen.

Anschließend begannen wir mit den Bewegungsübungen. Da ich die Reihenfolge und die Durchführung der Übungen bereits im vierten Kapitel hinreichend erläutert habe, möchte ich mich hier auf die Ausführung und die Reaktion der Klasse konzentrieren.

Wir begannen mit der Gruppenübung „Pendel". Dazu bat ich die Klasse sich in Dreiergruppen zusammenzufinden. Das Einfinden in die benötigten Gruppen überließ ich den SuS, da die SuS bei Gruppenübungen im regulären Mathematikunterricht ebenfalls gewohnt sind, mit jedem Mitschüler zusammenzuarbeiten. Sollte die Gruppeneinteilung in den kommenden Tagen einmal nicht passend aufgehen, informierte ich die SuS darüber, dass es dann auch zu größeren Gruppen kommen könnte, in denen man sich dann abwechseln müsse. Ich bat eine der Dreiergruppen nach vorne, sodass sie für alle gut sichtbar waren. Ich erklärte nun die Übung und ließ sie von den SuS nachmachen. Im Anschluss sollte dann alle die Übung praktizieren. Zur Sicherheit wies ich noch darauf hin, dass die Übung gefühlvoll durchzuführen sei, damit

---

[45] siehe Anhang

sich niemand dabei verletze. Nach einigen Sekunden gab ich erneut ein akustisches Signal (Klangstab), welches den Wechsel der Gruppenmitglieder untereinander einleitete.

Als Nächstes waren dann die Übungen aus dem Bereich des Brain-Gym an der Reihe. Diese machte ich zunächst einzeln selber vor und betonte dabei die Wichtigkeit einer gewissenhaften und präzisen Durchführung. Die SuS schauten gespannt auf meine Bewegungen und versuchten im Anschluss die Übungen möglichst genau durchzuführen. Insgesamt war ich mit dem ersten Tag der Durchführung sehr zufrieden.

5.3 Die Durchführung – Tag 2

Am zweiten Tag betrat ich gemeinsam mit meiner Mentorin Frau Berk die Klasse. Ich erklärte den SuS, dass sie sich Notizen zu unseren Bewegungsübungen machen wollte. Auf eine genauere Erklärung verzichtete ich an dieser Stelle bewusst, um das Verhalten der SuS nicht zu beeinflussen. Frau Berk hatte den Auftrag, gezielt auf das Störungsverhalten einiger ausgesuchter SuS zu achten und dieses zu dokumentieren. Wie in der Klassenbeschreibung bereits erwähnt, gibt es in der fünften Klasse einige Schüler, die wiederholt durch störendes Verhalten auffallen. Ihr störendes Verhalten ist in aktive und passive Störungen zu unterteilen. Aktive Störungen betreffen das wiederholte Hineinrufen, ohne Meldung, in den laufenden Unterricht. Bei den passiven Störungen handelt es sich um Störungen wie das Reden mit dem Tischnachbarn, zappelige Bewegungen auf dem Platz, das Herumlaufen im Unterricht (zum Beispiel zum Waschbecken), das Herumkramen im Mäppchen und das Kippeln mit dem Stuhl. Bei der Auswahl der zu beobachteten SuS beschränke ich mich auf S. (2), J. (1) und G. (2), da es sich hierbei um die störungsauffälligsten SuS der Klasse handelt. Die Auswertung der Notizen von Frau Berk soll zu einem späteren Zeitpunkt erfolgen.

Direkt nach der Begrüßung starteten wir mit unseren Bewegungsübungen. Als kooperative Übungsform war heute das „Schieben"[46] an der Reihe. Ich beauftragte die Klasse Zweiergruppen zu bilden und bat erneut eine Gruppe nach vorne, um die Übung vorzumachen. Im Anschluss waren dann die SuS dran. Nach der kooperativen Bewegungsübung gingen wir die noch ausstehenden Übungen aus dem Bereich des Brain-Gym durch. Bei der Durchführung gingen wir wie am Montag vor. Ich machte die Übungen vor und die SuS versuchten diese möglichst genau zu übernehmen. Mir viel auf, dass die Übungen heute bereits mit mehr Sicherheit durchgeführt wurden. Am Ende der Übungen teilte ich den SuS einen Fragebogen[47] aus, mit dessen Hilfe ich herausfinden wollte, welche Übungen gut und welche weniger gut bei den SuS

---

[46] siehe Seite 13
[47] siehe Anhang

ankommen. Die SuS können die einzelnen Brain-Gym-Übungen mit gut, mittel und schlecht bewerten. Bei der kooperativen Bewegungsübung sollten die SuS zwischen gut und schlecht wählen und zusätzlich eine Begründung angeben. Nach circa 12 Minuten konnte dann der Mathematikunterricht beginnen.

5.4 Die Überarbeitung und Verbesserung des Bewegungsmodells

Insgesamt bin ich mit der Auswertung des Fragebogens sehr zufrieden. Die Reaktion der SuS auf mein Bewegungskonzept erwies sich überwiegend als positiv. Besonders gut kamen die kooperativen Übungsformen an. So empfanden 95 Prozent der SuS diese als gut. Die häufigsten Begründungen lauten, dass diese Übungen schlicht Spaß machten und gerade die Durchführung mit einem Partner oder in der Gruppe besonders viel Spaß mache. In Bezug auf die anschließenden Übungen aus dem Bereich des Brain-Gym ergab sich folgendes Ergebnis: Fast alle Übungen werden von den SuS mit großer Mehrheit als gut oder mittel bewertet. Auffallend ist lediglich die Übung „Denkmütze", da 29 Prozent der SuS diese Übung mit schlecht bewertet haben. An dieser Stelle sehe ich mich gezwungen mein Bewegungsmodell zu optimieren. Ziel war es, aus allen drei Bereichen des Brain-Gym drei Übungen in mein Bewegungsmodell zu integrieren. Da die Denkmütze bei den SuS nicht gut angekommen ist, entscheide ich mich, diese aus dem Bewegungsmodell herauszunehmen und durch eine andere Übung zu ersetzen. Die Denkmütze stammt aus dem Bereich der Energieübungen und soll von nun an durch die Übung „Wassertrinken"[48] ersetzt werden. Allerdings erscheint es mir als sinnvoll das Wassertrinken an den Beginn der Brain-Gym-Übungen zu stellen, da durch das Trinken von Wasser die Effektivität der nachfolgenden Übungen gesteigert werden kann. In der Literatur heißt es, dass „alle elektrischen und chemischen Aktivitäten des Gehirns und des zentralen Nervensystems von dem Leitvermögen der Bahnen zwischen Gehirn und Sinnesorganen abhängig sind. Dieses Leitvermögen wird durch Wassertrinken gesteigert."[49]

Insgesamt denke ich, dass mein Bewegungsmodell bei den SuS eine positive Rückmeldung erfahren hat. Lediglich eine Übung musste ausgetauscht werden. Ich denke, dass der Austausch durch die Übung Wassertrinken zwei Vorteile enthält. Zum Einen vergrößert sich die Chance, dass die Bewegungsübungen nachhaltiger wirken und zum anderen ist es den SuS an unserer Schule erlaubt, während des Unterrichts Wasser zu trinken. Demnach ist jeder Schüler mit Wasser ausgestattet und kann jederzeit trinken. Ein positiver Nebeneffekt kann darin bestehen, dass den SuS eine kleine Trinkpause eingeräumt wird, in der alle gemeinsam etwas trinken. Es ist denkbar, dass hier-

---

[48] Da diese Übung selbsterklärend ist, verzichte ich auf eine genauere Erläuterung.
[49] Paul E. Dennison: Brain-Gym – Das Lehrerhandbuch © VAK Verlags GmbH, Kirchzarten 1999, S. 32

durch weniger einzelne SuS während des Unterrichts etwas trinken und somit Unruhe und Ablenkung vermieden werden kann. Im Anschluss zeige ich eine Darstellung des optimierten Bewegungsmodells, sowie die graphische Auswertung des Fragebogens bezüglich des Bewegungsmodells:

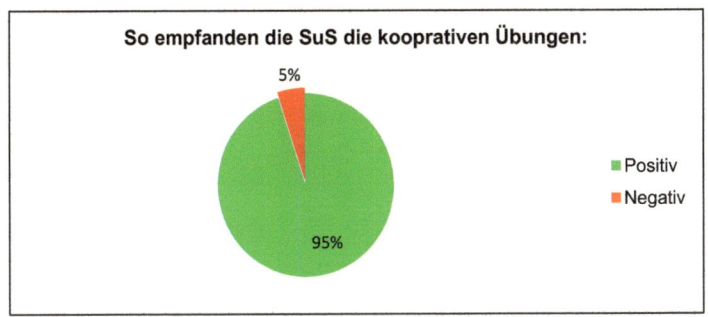

So empfanden die SuS die kooprativen Übungen:

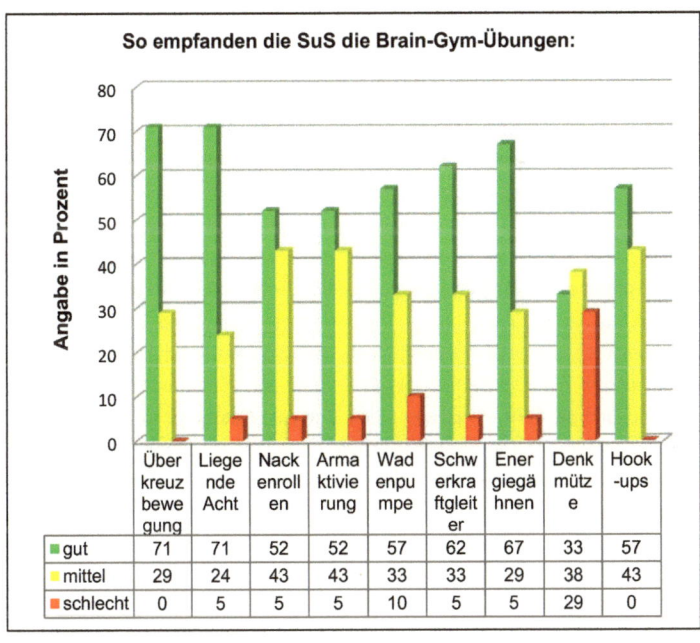

So empfanden die SuS die Brain-Gym-Übungen:

	Über kreuz bewe gung	Liege nde Acht	Nack enroll en	Arma ktivie rung	Wad enpu mpe	Schw erkra ftgleit er	Ener giegä hnen	Denk mütz e	Hook -ups
gut	71	71	52	52	57	62	67	33	57
mittel	29	24	43	43	33	33	29	38	43
schlecht	0	5	5	5	10	5	5	29	0

Das Bewegungsmodell (überarbeitet)		
Kooperative Bewegungsübungen		
	Montag	Pendel
	Mittwoch	Schieben
(Wechsel in Abhängigkeit vom	Donnerstag	Laufen gegen den Widerstand
Wochentag)	Freitag	Gordischer Knoten

Brain-Gym-Übungen	Wassertrinken	(Energieübung)
	Überkreuzbewegung	(Mittellinienbewegung)
(tägliche Durchführung)	Liegende Acht	(Mittellinienbewegung)
	Nackenrollen	(Mittellinienbewegung)
	Armaktivierung	(Längungsbewegung)
	Wadenpumpe	(Längungsbewegung)
	Schwerkraftgleiter	(Längungsbewegung)
	Energiegähnen	(Energieübung)
	Hook-ups	(Energieübung)

5.5 Die Durchführung – Tag 3

Der dritte Tag begann damit, dass ich den SuS die Ergebnisse des Fragebogens mitteilte und die daraus resultierenden Veränderungen erklärte. Direkt danach begannen wir mit der für heute anstehenden Bewegungseinheit. Wie immer begannen wir mit der kooperativen Bewegungsübung. Heute sollten die SuS Zweiergruppen bilden und die Übung „Laufen gegen den Wiederstand" durchführen. Zur besseren Verdeutlichung ließ ich ein Team nach vorne kommen, erklärte die Übung und ließ diese parallel vormachen. Ich wies darauf hin, dass die Übung im Idealfall an der Stelle stattfindet und niemand seinen Partner durch die Klasse ziehen sollte. Insgesamt verlief die Durchführung gut, sodass ich nach einigen Sekunden das akustische Signal (Klangstab) zum Wechsel geben konnte. Nach Beendigung der Übung folgten die Einzelübungen aus dem Bereich des Brain-Gym. Ich erinnerte die SuS an die Änderung und so tranken wir alle einen Schluck Wasser bevor wir mit den Übungen fortfuhren. Die anschließenden Brain-Gym-Übungen wurden wie gewohnt zunächst von mir vorgeturnt und anschließend von der Klasse gemeinsam durchgeführt. Mit der heutigen Durchführung war ich sehr zufrieden, da die Bewegungen der SuS einheitlicher und sicherer wurden. Nach 10 Minuten konnte der reguläre Mathematikunterricht beginnen.

5.6. Die Durchführung – Tag 4

Nach der Begrüßung begannen wir mit einer Gruppenübung, dem „Gordischen Knoten", den ich den SuS im Vorfeld erklärte. Anschließend bat ich alle SuS nach vorne zu kommen und die Übung durchzuführen. Es entstand auch gleich ein ordentlicher Knoten, den es nun zu lösen galt. Die Übung schien den SuS sichtlich Spaß zu machen und nach einiger Zeit des Ausprobierens hatte es die Gruppe geschafft den Knoten zu lösen. Besonders auffallend war, dass die SuS keinerlei Berührungsängste besaßen und geschlossen darum bemüht waren, den Knoten aufzulösen. Durch ein Klangzeichen (Klangstab) leitete ich nun zu den Brain-Gym-Übungen über. Diese verliefen konzentriert und zügig, sodass wir nach knapp 10 Minuten mit dem Mathematikunterricht beginnen konnten.

5.7. Zwischenreflexion

Durch die Auswertung des Fragebogens erhielt ich eine erste Rückmeldung darüber, wie mein Bewegungsmodell bei den SuS angekommen war. Es zeigte sich, dass die Übungen bei den SuS gut ankamen, ihnen Spaß machten und die kooperativen Bewegungsformen besonders beliebt waren. Obwohl mein Bewegungsmodell eine Vielzahl an Übungen enthält, erwies sich der zeitliche Rahmen als passend, da das Bewegungsmodell, so wie ursprünglich geplant, ungefähr 10 Minuten einer Stunde beansprucht. Bei der Durchführung selber fiel auf, dass die Übungen von Tag zu Tag besser verliefen. Gerade die Brain-Gym-Übungen verliefen zunehmend zügiger und konzentrierter. Die anfangs zu beobachtende Unsicherheit bei der Durchführung war nicht mehr vorhanden, da die SuS sich an die Übungen gewöhnt hatten. Lediglich bei der kooperativen Übung zu Beginn wurde es in der Klasse etwas unruhig, was allerdings schwer zu vermeiden war, da es innerhalb der Klasse automatisch unruhig wird, wenn alle SuS sich bewegen. In Bezug auf die Unruhen innerhalb des Unterrichts fielen mir bisher keine Veränderungen auf. Insgesamt wirkte die Klasse allerdings „frisch und aktiviert" und zeigte innerhalb der ersten Woche eine gute Arbeitsbereitschaft. Alle SuS schienen motivierter und aktivierter als sonst. Bezüglich des Klassenklimas lässt sich festhalten, dass die SuS gerade durch die kooperative Übungsform Spaß hatten und viel miteinander lachten.

Für den Verlauf der zweiten Woche verspreche ich mir eine weitere Automatisierung der Übungen sowie eine gewissenhafte und konzentrierte Durchführung seitens der SuS.

5.8. Die Durchführung – Tag 5 und 6

Die Durchführung von Tag 5 und 6 verlief so, wie es im Plan meines Bewegungsmodells vorgesehen war. Wie erhofft verliefen die Übungen immer besser, sodass es meinerseits nicht mehr nötig war, die einzelnen Übungen vorzumachen. Dennoch machte ich nach wie vor bei allen Übungen mit, um durch mein Beispiel sicher zu gehen, dass sich keine Fehler einschleichen. Den Wechsel innerhalb der Übungen leitete ich wie gewohnt mit dem Klangstab ein, was ohne Probleme funktionierte. Da die Übungen bekannt waren und zunehmend flüssiger wurden, benötigten wir für die komplette Durchführung des Bewegungsmodells an Tag 5 und 6 lediglich 8 Minuten.

5.9. Die Durchführung – Tag 7: Das Störverhalten ausgewählter SuS

Am siebten Tag der Durchführung kam Frau Berk mit in die Klasse um erneut das Störverhalten von S. (2), J. (1) und G. (2) zu beobachten. Zunächst führten wir unser Bewegungsprogramm für diesen Tag wie geplant durch, um anschließend mit dem Mathematikunterricht fortzufahren. Auch Frau Berk fiel es auf, dass die Übungen im Vergleich zu letzter Woche professioneller und zügiger verliefen. Bezüglich der Auswertung des Störverhaltens der ausgewählten SuS ergab sich folgendes Ergebnis:

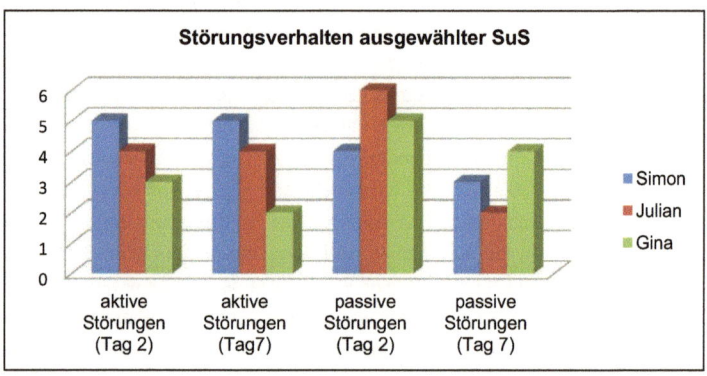

Bei der Entwicklung der aktiven Unterrichtsstörungen[50] sind nahezu keine Veränderungen festzustellen. Sowohl S. (2) als auch J. (1) zeigen keinerlei Verbesserung ihres Störverhaltens. Lediglich G. (2) hat sich minimal verbessert. Bei den passiven Unterrichtsstörungen[51] fällt auf, dass diese bei allen drei beobachteten SuS zurückgegangen sind. Besonders J. (1) hat sich von sechs auf zwei Störungen verbessert. S. (2) und G. (2) haben sich hingegen nur um eine Unterrichtsstörung verbessert. Bei der Analyse und Auswertung dieser Beobachtungen muss berücksichtigt werden, dass es sich hierbei um einen sehr kurzen Untersuchungszeitraum handelt, weshalb die Aussagekraft der Ergebnisse nur als Tendenz gesehen werden darf. So spielen hierbei die Tagesform der SuS sowie der Zufall eine wesentliche Rolle. Um eine genauere Untersuchung des Störverhaltens einzelner SuS durchzuführen, müssten die SuS über einen wesentlich längeren Zeitraum

---

[50] Bei den aktiven Unterrichtsstörungen handelt es sich um das Hineinrufen in den Unterricht ohne sich zuvor zu gemeldet zu haben.
[51] Bei den passiven Unterrichtsstörungen handelt es sich um Störungen wie das Reden mit dem Tischnachbarn, zappelige Bewegungen auf dem Platz, das Herumlaufen im Unterricht (zum Beispiel zum Waschbecken), das Herumkramen im Mäppchen und das Kippeln mit dem Stuhl.

beobachtet werden. Allerdings zeigt der Test dennoch eine deutliche Tendenz. Durch das Bewegungsprogramm scheinen die passiven Unterrichtsstörungen weniger zu werden. Diese hängen häufig mit störenden Bewegungen der SuS während der Unterrichtszeit zusammen. Eine naheliegende Erklärung besteht darin, dass die SuS ihren Bewegungsdrang jetzt innerhalb der Bewegungsübungen gerecht werden können.

5.10. Die Durchführung – Tag 8: Der Kopfrechentest

Der letzte Tag der Durchführung begann mit dem Gordischen Knoten und endete mit der Durchführung der Brain-Gym-Übungen. Die Übungen verliefen wie gewohnt flüssig und störungsfrei. Es war den SuS anzumerken, dass sie das Bewegungsmodell verinnerlicht hatten und nach wie vor Spaß bei der Durchführung hatten.

Im Anschluss teilte ich den SuS erneut einen Kopfrechentest aus. Bei diesem Test handelte es sich um eine modifizierte Version des Ausgangstests[52] zur Messung des Ist-Zustandes. Innerhalb des Testes wurden von mir einzelne Zahlen verändert, damit die SuS sich nicht an einzelne Lösungen ersten Tests erinnern konnten und das Testergebnis somit verfälscht wird. Die SuS bekamen erneut zehn Minuten Zeit für die Bearbeitung des Tests. Weiterhin wies ich erneut darauf hin, dass es sich um einen Kopfrechentest handle und keine schriftlichen Nebenrechnungen gemacht werden sollten. Wie bereits beim ersten Kopfrechentest bearbeiteten die SuS den Test sehr konzentriert und gewissenhaft. Nach genau zehn Minuten sammelte ich den Test ein und wir begannen mit dem regulären Mathematikunterricht.

---

[52] siehe Anhang

Bei der Auswertung[53] der Kopfrechentest ergaben sich folgende Ergebnisse:

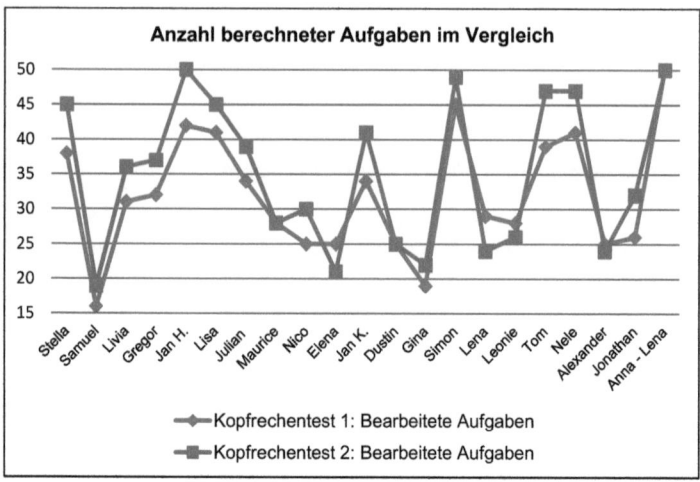

Anzahl berechneter Aufgaben im Vergleich

◆ Kopfrechentest 1: Bearbeitete Aufgaben
■ Kopfrechentest 2: Bearbeitete Aufgaben

Das Diagramm zeigt, dass 14 von 21 SuS mehr Aufgaben im zweiten Test bearbeitet haben als im ersten Test. Insgesamt haben sich nur 4 SuS verschlechtert und drei haben in beiden Tests gleich viele Aufgaben gelöst. Addiert man alle zusammen gehörenden Differenzen der einzelnen Schülerergebnisse aus Test 1 und Test 2 und teilt die Summe (64) vdurch die Anzahl aller teilnehmenden Schüler (21), so lässt sich festhalten, dass jeder Schüler in Test 2 im Durchschnitt drei Aufgaben mehr berechnnet hat als im ersten Test.

In einem zweiten Diagramm möchte ich die Fehlerquozienten[54] bezüglich der einzelnen SuS aus beiden Kopfrechentests miteinander vergleichen. Das Diagramm zeigt, dass sich der Fehlerquotient bis auf eine Ausnahme bei allen SuS verbessert hat. Addiert man die Differenzen der zusammen gehörenden Fehlerquotienten aus dem Kopfrechentest 1 und 2 und teilt die Summe durch die Anzahl aller teilnehmenden SuS, so erhält man den Wert 7,6. Hierbei handelt es sich um eine Prozentangabe, die aussagt, dass der Fehlerquotient im zweiten Test um durchschnittlich 7,6 Prozent gesunken ist. Bedenkt man, dass die SuS im zweiten Kopfrechentest durchschnittlich sogar 3 Aufgaben mehr gelöst haben, ist es umso erfreulicher, dass der Fehlerquotient trotzdem um 7,6 Prozent gesunken ist. Die SuS haben in Test 2, in der gleichen Zeit, durchschnittlich drei Aufgaben mehr gelöst und dabei trotzdem weniger Fehler gemacht.

---

[53] Die Tabellen mit dem verwendeten Zahlenmaterial befinden sich im Anhang.
[54] Den Fehlerquotienten erhalte ich, indem ich die Fehler eines SuS mit hundert multipliziere und durch die Anzahl seiner bearbeiteten Aufgaben teile. Bei der Angabe handelt es sich um eine Prozentangabe.

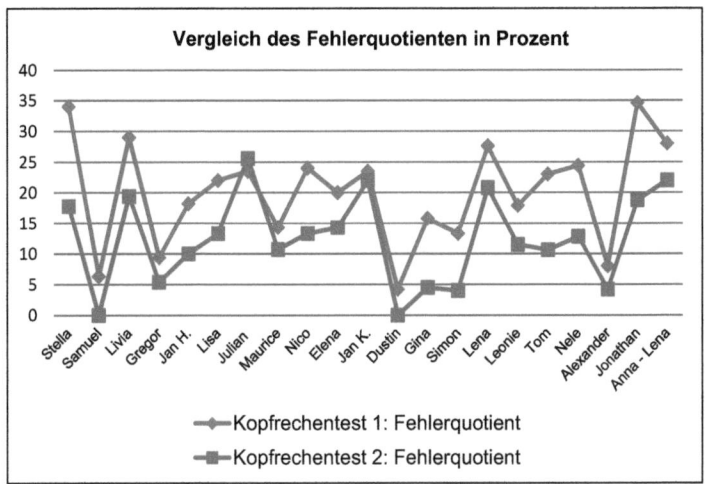

Vergleich des Fehlerquotienten in Prozent

Kopfrechentest 1: Fehlerquotient
Kopfrechentest 2: Fehlerquotient

Bei den beiden Diagrammen handelt es sich um die zielgerichtet Auswertung des gesammelten Zahlenmaterials. Der datensatz, welcher die Grundlage der Diagramme bilden, befinden sich im Anhang der Arbeit.

6. Reflexion und Ausblick

6.1 Vorwort

Die Zielsetzung meiner Arbeit bestand darin, ein Bewegungsmodell zu erstellen, welches sich positiv auf den Mathematikunterricht einer fünften Realschulklasse auswirken sollte. Im Verlauf meiner Arbeit habe ich zunächst versucht den Zusammenhang zwischen Bewegung und Lernen deutlich zu machen und anschließend mein selbst entwickeltes Bewegungsmodell vorgestellt. Zu Beginn der Arbeit habe ich mir vier Leitfragen[55] überlegt, welche es jetzt auszuwerten gilt. Ein Schwerpunkt meiner Auswertung stützt sich auf die bisher gesammelten Ergebnisse. Einen weiteren Schwerpunkt stellt der Auswertungs-und Fragebogen an die SuS dar, den ich den SuS einen Tag nach der Durchführung gegeben habe.[56] Der Fragebogen setzt sich aus neun Fragen zusammen und soll die Meinung der SuS bezüglich der vier Leitfragen wiedergeben. Mit Hilfe des Fragebogens erhoffe ich mir ein zusätzliches Feedback und eine vertiefte Reflexion.

---

[55] siehe Einführung
[56] siehe Anhang

6.2 Die Reaktion der SuS auf die Bewegungsübungen

Die Reaktionen der SuS auf das Bewegungsmodell waren sehr positiv. Die Auswertung des in der zweiten Stunde herausgegebenen Fragebogens zeigt deutlich, dass die SuS die Übungen gut fanden und mit Freude durchgeführt haben. Lediglich eine der Übungen kam bei den SuS nicht ganz so gut an und wurde deshalb auch ersetzt. Besonders Interesse erfuhren die kooperativen Übungsformen. Innerhalb des abschließenden Auswertungsbogens sollen die ersten beiden Fragen ein zusätzliches Feedback bezüglich der Reaktion der SuS geben. So haben 86 Prozent der SuS angegeben, dass ihnen die Übungen Spaß gemacht haben und sie mit Freude daran teilgenommen haben. Die häufigste Begründung lautete, dass die Übungen eine Abwechslung zum normalen Unterricht seien. Auch hier bewerteten die SuS die kooperativen Übungsformen als besonders ansprechend. Auch die Auswahl und die Zusammenstellung der einzelnen Übungen erwiesen sich als gelungen. Innerhalb des Auswertungsbogens erfuhr ich wenig Kritik an dem zusammengestellten Bewegungsmodell. Bei den Verbesserungsvorschlägen wünschten sich 4 von 21 SuS eine zusätzliche kooperative Übung und drei SuS wünschten sich sogar anspruchsvollere Bewegungsübungen. Insgesamt decken sich die Aussagen der SuS und die Auswertungsergebnisse mit meinen eigenen Eindrücken. Die Klasse zeigte sich sehr offen und hat sich mit Freude und Neugier auf das Bewegungsmodell eingelassen. Bei der Durchführung zeigten sich alle SuS überaus motiviert und engagiert. Meine Bedenken, dass einige SuS aus Scham heraus die Übungen nicht mitmachen würden, erwies sich als unbegründet. Zusammenfassend kann festgehalten werden, dass der gesamten Klasse die Übungen Spaß gemacht haben und sie diese motiviert und konzentriert umgesetzt haben.

6.3 Die Analyse der Unterrichtsstörungen

Betrachtet man sich zunächst einmal die Auswertung der drei einzeln beobachteten SuS, so lässt sich bei allen drei eine positive Entwicklung bezüglich des passiven Störungsverhaltens feststellen. Bei den aktiven Unterrichtsstörungen lassen sich hingegen keine Veränderungen feststellen. An dieser Stelle möchte ich betonen, dass es sich hierbei nur um eine Tendenz handelt. Um deutlichere Aussagen treffen zu können, müssten alle drei SuS über einen wesentlich längeren Zeitraum regelmäßig beobachtet werden. Innerhalb der mir zu Verfügung stehenden Zeit ist eine genauere Auswertung allerdings nur schwer realisierbar gewesen. Um eine deutlichere Aussage bezüglich eines störungsfreien Unterrichts treffen zu können, habe ich die SuS nach ihrer Meinung gefragt (Frage drei des Auswertungsbogens). Bei der Analyse der Schülermeinungen ergab sich ebenfalls kein klares Ergebnis. Es zeigte sich, dass 12 von 21 SuS der Meinung sind, dass der Unterricht durch die Übungen störungsfreier ablief als zuvor. Auch hier lässt sich nur eine leichte Tendenz ausmachen. Insgesamt decken sich die Ergebnisse auch mit meinen Beobachtungen bezüglich des Störverhaltens der Klasse. Während des normalen Mathematikunterrichts konnte ich keine klare Verbesserung des Störverhaltens feststellen. Dass es während den Bewegungsübungen etwas lauter werden würde, damit hatte ich gerechnet. Um einen möglichst harmonischen Übergang zum Unterricht zu gewährleisten, sollte das Bewegungsmodell mit bewegungsintensiven Übungen beginnen und mit eher entspannenden Übungen ausklingen. Zusammenfassend bleibt festzuhalten, dass es innerhalb der zwei Wochen keine deutlichen Verbesserungen im Störverhalten der Klasse zu beobachten sind. Es sind lediglich Tendenzen zu erkennen, die darauf hinweisen, dass sich das Störverhalten minimal verbessert hat. Um fundierte Aussagen bezüglich des Einflusses von Bewegungsübungen auf einen störungsfreieren Unterricht treffen zu können, ist ein langfristiger Versuchsaufbau notwendig.

6.4 Die Analyse der Konzentration und der kognitiven Leistungsfähigkeit

Um diese Fragestellung beantworten zu können, möchte ich auf die Ergebnisse der Kopfrechentests zu sprechen kommen. Bei der Auswertung der Tests wurde deutlich, dass die Ergebnisse im zweiten Test durchaus besser waren als die im ersten. Im Durchschnitt bearbeiteten die SuS im zweiten Test in der gleichen Zeit drei Aufgaben mehr und machten dennoch 7,6 Prozent weniger Fehler. Bei der Analyse des Auswertungsbogens (Frage vier, fünf und sechs) wird deutlich, dass die SuS ebenfalls der Meinung sind, dass sich ihre kognitive Leistungsfähigkeit deutlich verbessert hat. So geben 81 Prozent des SuS an, dass sie sich nach den Bewegungsübungen besser konzentrieren und sie aufmerksamer arbeiten können. Sogar 90 Prozent sind der Meinung, den Untorrichtsstoff der letzten zwei Wochen gut bis sehr gut verstanden zu haben. In Bezug auf ihr eigenes Arbeitsverhalten gaben 17 von 21 SuS an, dass dieses sich im Laufe der letzten zwei Wochen verbessert habe. Zusammenfassend betrachtet bleibt festzuhalten, dass gezielte Bewegungen die kognitive Leistungsfähigkeit der SuS durchaus verbessern können. So zeigen sich in einem Zeitraum von zwei Wochen bereits deutliche Ergebnisse. Die SuS merken selber, dass sich ihre Konzentrationsfähigkeit verbessert und sie effektiver arbeiten können. Dennisons Therie, das gezielte Bewegungsübungen (Brain-Gym) unser Gehirn so stimulieren, dass wir kognitiv leistungsfähiger und ausdauernder werden, scheint sich an dieser Stelle zu bewahrheiten. Die bisherigen Untersuchungsergebnisse decken sich gleichzeitig mit den von mir gemachten Beobachtungen. Innerhalb der zweiwöchigen Durchführung erhielt ich den Eindruck, dass die SuS zunehmend motivierter und ausdauernder arbeiteten als sonst. Besonders in Stillarbeitsphasen viel mir auf, dass sie effektiver waren und für die Bewältigung der Aufgaben weniger Zeit benötigten als sonst. Durch die Auswertung der bisherigen Ergebnisse bestätigt sich mein Eindruck. Die Klasse wirkt frisch und aktiviert. Insgesamt gesehen, haben sich die Konzentration und das Arbeitsverhalten der SuS deutlich verbessert.

6.5 Die Auswirkungen auf das Sozialklima der Klasse

Den Kern meines Bewegungsmodells stellen die Übungen aus dem Bereich des Brain-Gym dar. Allerdings wollte ich mit dieser Arbeit einen Schritt weitergehen und ein Bewegungsmodell zusammenstellen, das zusätzlich noch kooperative Bewegungsübungen enthält. Ziel war eine Verbesserung der Klassengemeinschaft, da die SuS durch Partner- und Gruppenübungen gemeinsam in Aktion treten und spielerisch zusammenarbeiten. Mit der achten Frage des Auswertungsbogens habe ich die SuS direkt nach ihrer Meinung gefragt. 90 Prozent aller SuS sind der Meinung, dass die kooperativen Übungsformen sich positiv auf das Sozialklima ausgewirkt haben. Die SuS beschrieben, dass es einfach Spaß mache gemeinsam mit Klassenkameraden Bewegungsübungen durchzuführen. Bei den Begründungen kamen folgende Aussagen besonders häufig vor:

➢ Wir haben im Team zusammengearbeitet. (3x)
➢ Die Übungen führen uns mehr zusammen. (2x)
➢ Wir haben zusammen gearbeitet. (1x)
➢ Wir mussten einander vertrauen. (5x)
➢ Wir haben viel gelacht. (2x)

Rückblickend bin ich mit der Idee mein Bewegungsmodell täglich um eine kooperative Übung zu ergänzen sehr zufrieden. Nach meinen Beobachtungen haben die SuS gerade an den kooperativen Übungen viel Freude gehabt. Trotz einer konzentrierten Durchführung wurde viel gelacht. Meine anfängliche Befürchtung, dass manche SuS nicht miteinander arbeiten wollen, traf nicht zu. Die Zusammensetzung der Gruppen erfolgte stets zügig und ohne Probleme. Besonders geeignet war die Gruppenübung „Der gordische Knoten", da die gesamte Klasse hier miteinander in Aktion treten musste um eine Aufgabe zu bewältigen.

6.6 Zusammenfassung und Ausblick

Rückblickend denke ich, dass mein erstelltes Bewegungsmodell erfolgreich verlaufen ist. Bei drei der vier Beobachtungsschwerpunkte meiner Arbeit ergaben sich eindeutige und positive Ergebnisse. So zeigten die SuS großes Interesse und setzten das Modell motiviert um. Des Weiteren konnte nachgewiesen werden, dass sich die kognitiven Leistungen der SuS bereits innerhalb von zwei Wochen verbessern. Es ist gelungen ein Bewegungsmodell zusammenzustellen, welches einerseits die Konzentration sowie die Leistungsfähigkeit der SuS verbessert und andererseits die Klassengemeinschaft nachhaltig stärkt. Durch die Integration kooperativer Bewegungsformen kommen sich die SuS näher, müssen einander vertrauen und miteinander als Team funktionieren. Der zeitliche Rahmen des Modells erstreckt sich wenige Tage nach der Einführung auf täglich ca. 8 Minuten, wodurch das eigentliche Unterrichtsgeschehen nicht zu sehr beeinflusst wird. Leider ist es mir nicht gelungen eine fundierte Aussage darüber zu treffen, ob der Unterricht durch das Bewegungsmodell störungsfreier ablaufen kann, oder nicht. Die von mir durchgeführten Untersuchungen ergaben lediglich eine Tendenz, dass die Unterrichtsstörungen leicht zurückgegangen sind. Um dieser Tendenz nachzugehen bedarf es eines längeren Untersuchungszeitraumes. In der Zielsetzung meiner Arbeit habe ich davon gesprochen, dass ich ein Bewegungskonzept vorstellen möchte, welches fächerübergreifend genutzt werden kann. Nach der Durchführung und Auswertung meiner Arbeit bin ich davon überzeugt, dass das vorliegende Bewegungskonzept auch in anderen Fächern angewandt werden kann. Obwohl hierbei auf den ersten Blick wertvolle Unterrichtszeit verloren geht, sind die Vorteile, gerade für kleinere Klassen, nicht von der Hand zu weisen. Die vorliegende Arbeit hat gezeigt, dass gezielte Bewegungsübungen die Unterrichtsqualität verbessern können. Die SuS erleben den Unterricht motivierter und wirken deutlich frischer. Zusätzlich lässt sich durch das Element der kooperativen Übungsformen das Sozialklima innerhalb der Klasse verbessern. In Bezug auf die Übertragbarkeit des Bewegungsmodells auf andere Fächer waren 81 Prozent der SuS der Meinung, dass dies sowohl realisierbar als auch wünschenswert sei.

Insgesamt bin ich davon überzeugt, dass Dieter Hermann[57] mit seinem Zitat durchaus richtig gelegen hat:

„Bewegung und Lernen gehören genauso zusammen wie man soziales, emotionales und kognitives Lernen nicht voneinander trennen kann."[58]

Auch wenn ich mit dem hier vorgestellten Bewegungsmodell nur einen kleinen Beitrag zu mehr Bewegung im Unterricht leisten kann, so hoffe ich, dass diese Arbeit Einen Denkanstoß liefert, wie eng Lernen und Bewegung miteinander verzahnt sind und dass Bewegung zu einer ganzheitlichen Bildung einfach dazu gehört.

---

[57] siehe Kapitel 1: Die Problemfindung
[58] Ralf Laging, Mathias Michel und Aline Becker: Bewegt den ganzen Tag. Bewegungskonzepte in der ganztägigen Schule. Schneider Verlag Hohengehren GmbH, Baltmansweiler 2007/2008

7. Anhang

7.1 Die Beschreibungen der Übungen

Das Pendel

Die Klasse bildet Dreiergruppen. Jeweils ein Schüler steht in der Mitte. Die beiden außen stehenden SuS beginnen nun den Schüler in der Mitte, der sich steif macht, hin und her zu pendeln. Zu Beginn sind die Pendelbewegungen noch sehr klein, werden allerdings im Laufe der Übung immer größer, so dass der Gependelte immer tiefer abgefangen werden muss. Am Ende der Übung verringert sich die Pendelbewegung, bis die Ausgangsstellung wieder erreicht ist. Anschließend werden die einzelnen Positionen durch gewechselt, so dass jeder einmal in die Rolle des Pendelnden schlüpfen kann.[59]

Das Schieben

Je zwei Teilnehmer stehen sich in dieser Übung gegenüber. Sie legen ihre Handflächen gegeneinander und haken ihre Finger ein. Nach einem Startsignal versuchen sie sich gegenseitig von der Stelle zu Schieben. Das „Duell" wird dann abgebrochen, wenn einer der Schüler seinen festen Stand aufgeben muss und einen Schritt nach hinten gegangen ist. Bei dieser Übung sollte darauf geachtet werden, dass die Hände sich nicht über der Schulter befinden, da die größere Person sonst einen Vorteil erhält.[60]

Das Laufen gegen den Widerstand

Bei dieser Übung bilden Jeweils zwei SuS ein Team. Der hintere Partner fasst dem vorderen an die Hüfte und dieser beginnt gegen den zunehmenden Widerstand zu laufen. Der laufende Partner sollte allerdings nicht völlig blockiert werden. Eine leichte Vorwärtsbewegung ist erlaubt. Nach einigen Sekunden werden die Positionen getauscht.[61]

Der Gordische Knoten

Hierbei handelt es sich um eine Gruppenübung, an der die ganze Klasse auf einmal teilnehmen kann. Alle Teilnehmer stellen sich eng zu einer Gruppe zusammen und verschließen die Augen. Als nächstes strecken sie ihre Hände vorsichtig aus und versuchen für jede ihrer Hände eine Hand eines Mitschülers zu umfassen. Der Lehrer achtet darauf, dass niemand beide Hände eines anderen hält. Ist dies geschehen, dürfen die SuS ihre Augen wieder öffnen

---

[59] Vgl.: Wolfgang Amler, Dr. Wolfgang Knörzer: Fit in 5 Minuten – Bewegungspausen in Schule, Seminar, Beruf und Alltag; © 1999 Karl F. Haug Verlag, Hüthing GmbH, Heidelberg; S. 28
[60] ebd, S. 27
[61] ebd, S. 55

und versuchen jetzt den entstandenen Knoten wieder zu lösen. Die Schwierigkeit besteht darin, dass dabei niemand eine Hand loslassen darf.[62]

Im Folgenden sollen die ausgewählten Brain-Gym-Übungen[63] vorgestellt werden. Hierbei handelt es sich nicht wie bisher um Gruppenübungen, sondern ausschließlich um Einzelübungen.

Die Überkreuzbewegung

In dieser Übung bewegen die SuS ihre Beine zusammen mit dem jeweils gegenüberliegenden Arm. Dabei ist es hilfreich, mit der Hand das gegenüberliegende Knie zu berühren. Aus Platzgründen ist es sinnvoll, diese Übung auf der Stelle durchzuführen und auf ein Umherlaufen zu verzichten.

Die Liegende Acht

Die SuS strecken die linke Hand mit ausgestrecktem Daumen aus und fokussieren den Daumen. Sie stellen sich eine große Acht vor, in deren Zentrum der Daumen liegt. Jetzt fährt die linke Hand vom Mittelpunkt der Acht aus langsam nach links oben. Die Augen sollen dabei der Bewegung der Hand folgen. Wenn die Acht drei Mal abgefahren wurde, ist die rechte Hand dran.

Die Nackenrollen

Die SuS lassen den Kopf etwas nach vorne hängen und rollen ihn langsam von einer Schulter zur anderen. Dabei sollen sie sich versuchen zu entspannen und tief ausatmen. Es ist den SuS freigestellt, ob sie die Augen dabei öffnen oder schließen.

Die Armaktivierung

Die SuS strecken einen Arm gerade nach oben und umgreifen ihn mit der anderen Hand hinter dem Kopf. Dabei sollen sie den gestreckten Arm gegen die Hand drücken und langsam ausatmen. Nach jedem Atemzug soll der Arm in eine andere Richtung gedrückt werden (nach hinten, nach vorne, nach rechts und nach links). Anschließend soll die Übung mit dem anderen Arm wiederholt werden.

Die Wadenpumpe

Die SuS stützen sich mit beiden Händen an ihrem Pult ab und drücken beim Ausatmen die Ferse nach unten in Richtung Boden. Je weiter die Beine aus-

---

[62] Vgl.: Wolfgang Amler, Dr. Wolfgang Knörzer: Fit in 5 Minuten – Bewegungspausen in Schule, Seminar, Beruf und Alltag; © 1999 Karl F. Haug Verlag, Hüthing GmbH, Heidelberg; S. 32
[63] Vgl.: Paul E. Dennison: Brain-Gym – Das Lehrerhandbuch © VAK Verlags GmbH, Kirchzarten 1999, S. 13 ff.

einandergestellt sin, desto effektiver ist die „Längung"[64] in der Wade. Nach einigen Sekunden soll die Übung mit dem anderen Bein durchgeführt werden.

Der Schwerkraftgleiter

Diese Übung findet im Sitzen statt. Die Füße werden übereinander gelegt und die Knie bleiben locker. Jetzt sollen die SuS den Oberkörper mit ausgestreckten Armen nach Vorne beugen und langsam in Richtung der Füße gleiten. Beim Hinuntergleiten sollen sie ausatmen und beim Aufrichten einatmen. Nach dreimaliger Wiederholung sollen die Füße gewechselt werden.

Das Energiegähnen

Beim Energiegähnen simulieren die SuS ein ausgiebiges Gähnen. Zusätzlich legen sie ihre Fingerspitzen auf alle im Kieferknochen angespannten Gesichtsmuskeln. Begleitend zur Übung kann ein tiefer und entspannender Gähn-Ton dabei helfen, Anspannungen abzubauen.

Die Denkmütze

Bei der Denkmütze sollen die SuS ihre Ohren sanft nach hinten ziehen und ausfalten. Anschließend massieren sie das Ohr an der Außenseite von ganz oben bis zum Ohrläppchen.

Die Hook-ups

Bei dieser Übung soll zunächst der linke Fußknöchel über den rechten gelegt werden. Danach werden die Arme nach vorne ausgesteckt und das linke Handgelenk wird über das rechte gelegt. Anschließend werden die Finger verschränkt und die Hände drehen nach unten und weiter nach innen, bis vor die Brust. Jetzt sollen die SuS die Augen schließen, tief ein- und ausatmen und einen Augenblick entspannen. In einem zweiten Teil der Übung werden die Füße jetzt wieder nebeneinander gestellt und die Fingerspitzen beider Hände zusammengeführt. Die SuS konzentrieren sich hierbei ganz auf ihre Atmung.

---

[64] siehe Kapitel 2

7.2 Fragebogen zur Optimierung der Übungen

Fragebogen:

Diese Brain-Gym-Übung finde ich:	gut	mittel	schlecht
Überkreuzbewegung			
Liegende Acht			
Nackenrollen			
Armaktivierung			
Wadenpumpe			
Schwerkraftgleiter			
Energiegähnen			
Denkmütze			
Hook-ups			

Die zusätzliche Übung in der Gruppe oder mit einem Partner finde ich gut /
nicht gut, weil

_____

_____

_____

7.3 Kopfrechentest 1

	Aufgabe	Lösung
1	7×8	
2	$120 \times 2 \div 8$	
3	$200 - 130$	
4	$180 + 19$	
5	$15 \times 3 - 21$	
6	12×11	
7	$(170 - 90) \div 5$	
8	$4 \times 25 - 1$	
9	$240 - 130 + 48$	
10	$310 - 240$	
11	$180 \div 2$	
12	$20 + 45$	
13	$506 - 209$	
14	$18 \times 3 + 4$	
15	8×8	
16	9×7	
17	$230 + 120 - 3$	
18	$65 - 45 - 5$	
19	$125 - 25 + 5$	
20	$45 \div 9 + 10$	
21	10×4	
22	$350 \div 7 \times 2$	
23	$5 \times (32 + 18)$	
24	$6 \times 3 \times 0$	
25	$780 - 240$	
26	$28 \div 4 \times 3$	
27	$100 \div 10 \times 2$	
28	$111 + 222$	
29	$112 + 45$	
30	$83 + 55$	
31	$88 - 67$	
32	$400 - 98$	
33	$14 \times 2 \div 7 + 1$	
34	$22 + 120$	
35	$200 \times 2 - 10$	
36	51×4	
37	11×11	
38	$34 + 55 - 21$	
39	$199 - 1 + 22$	
40	$6 \times (4 + 3)$	
41	$150 \div 5$	
42	$300 - 210 \times 2$	
43	$40 \times 3 \div 10$	
44	$99 \div 11$	
45	$50 + 34 - 12$	
46	$100 \div (2 + 3)$	
47	$210 \div 10 \div 3$	
48	5×11	
49	$125 - 50 + 1$	
50	$300 - 210 + 11$	

Name: _____

Berechne die Aufgaben im Kopf. Fertige keine Nebenrechnungen an. Löse so viele Aufgaben wie du kannst.

7.4 Kopfrechentest 2 (veränderte Aufgaben)

	Aufgabe	Lösung
1	7×9	
2	$160 \times 2 \div 8$	
3	$200 - 120$	
4	$170 + 19$	
5	$15 \times 3 - 20$	
6	11×11	
7	$(170 - 90) \div 10$	
8	$4 \times 25 - 2$	
9	$240 - 130 + 49$	
10	$320 - 240$	
11	$160 \div 2$	
12	$30 + 45$	
13	$606 - 209$	
14	$18 \times 3 + 2$	
15	8×6	
16	9×5	
17	$230 + 120 - 10$	
18	$65 - 45 - 10$	
19	$125 - 25 + 10$	
20	$45 \div 9 + 20$	
21	10×3	
22	$350 \div 7 \times 2$	
23	$5 \times (32 + 18)$	
24	$6 \times 7 \times 0$	
25	$780 - 140$	
26	$28 \div 4 \times 2$	
27	$100 \div 10 \times 3$	
28	$111 + 333$	
29	$110 + 45$	
30	$83 + 55$	
31	$88 - 65$	
32	$400 - 102$	
33	$14 \times 2 \div 7$	
34	$22 + 130$	
35	$200 \times 3 - 10$	
36	51×3	
37	11×10	
38	$35 + 55 - 21$	
39	$198 - 1 + 23$	
40	$6 \times (4 + 1)$	
41	$200 \div 50$	
42	$310 - 210 \times 2$	
43	$30 \times 3 \div 10$	
44	$99 \div 9$	
45	$50 + 34 - 14$	
46	$100 \div (2 + 8)$	
47	$200 \div 10 \div 3$	
48	6×11	
49	$125 - 50 + 2$	
50	$300 - 200 + 11$	

Name: _____

Berechne die Aufgaben im Kopf. Fertige keine Nebenrechnungen an. Löse so viele Aufgaben wie du kannst.

	Frage	☺ ☆	☺	😐	☹	weil...
1	Mir haben die Brain-Gym-Übungen Spaß gemacht / Ich hatte Freude an den Übungen.					
2	Mit der Auswahl der Übungen war ich zufrieden. (Hier kannst du auch Verbesserungsvorschläge benennen.)					
3	In den letzten zwei Wochen verlief der Unterricht störungsfreier als sonst. Es herrschte eine angenehme und ruhige Arbeitsatmosphäre.					
4	Ich konnte mich nach den Übungen besser konzentrieren. Es fiel mir leichter aufmerksam zu arbeiten.					
5	In den letzten zwei Wochen habe ich den Unterrichtsstoff besser verstanden. Ich hatte keine Verständnisprobleme.					
6	Durch die Übungen hat sich mein Arbeitsverhalten verbessert.					
7	Die Partner- und Gruppenübungen haben mir besonders gefallen.					
8	Die Partner- und Gruppenübungen bewirken eine Verbesserung unserer Klassengemeinschaft.					
9	Ich hätte gerne, dass Bewegungsübungen auch in anderen Fächern stattfinden.					

7.6 Der Datensatz für die Auswertung der Kopfrechentests

Name des Schülers	Kopfrechentest 1 Bearbeitete Aufgaben	Kopfrechentest 2 Bearbeitete Aufgaben	Differenz der bearbeiteten Aufgaben	Kopfrechentest 1 Fehlerquotient in %	Kopfrechentest 2 Fehlerquotient in %	Differenz des Fehlerquotienten in %
St.	38	45	7	34	17,8	16,2
S. (1)	16	19	3	6,3	0	6,3
L. (1)	31	36	5	29	19,4	9,6
G. (1)	32	37	5	9,4	5,4	4
J. H.	42	50	8	18,2	10	8,2
L. (2)	41	45	4	22	13,3	8,7
J. (1)	34	39	5	23,5	25,6	- 2,1
M.	28	28	0	14,3	10,7	3,6
N. (1)	25	30	5	24	13,3	10,7
E.	25	21	- 4	20	14,3	5,7
J. K.	34	41	7	23,5	22	1,5
D.	25	25	0	4,2	0	4,2
G. (2)	19	22	3	15,8	4,5	11,3
S. (2)	45	49	4	13,3	4	9,3
L. (3)	29	24	- 5	27,6	20,8	6,8
L. (4)	28	26	- 2	17,9	11,5	6,4
T.	39	47	8	23	10,6	12,4
N. (2)	41	47	6	24,4	12,8	11,6
A.	25	24	- 1	8	4,2	3,8
J. (2)	26	32	6	34,6	18,8	15,8
A.-L.	50	50	0	28	22	6
Summe			64			160
Durch-schnitt			64 : 21 = 3,0			160 : 21 = 7,6

7.7 Die Angabe der Quellen

- Ralf Laging, Mathias Michel und Aline Becker: Bewegt den ganzen Tag. Bewegungskonzepte in der ganztägigen Schule. Schneider Verlag Hohengehren GmbH, Baltmansweiler 2007/2008

- Robert Sylvester: A Biological Brain In a Culturall Classroom: Applying biological research to classroom management, Corvin Press, 2000, aus: Hannaford, Carla: Bewegung – das Tor zum Lernen, VAK Verlags GmbH, Kirchzarten bei Freiburg 1996

- Beweg dich, Schule! Eine „Prise Bewegung" im täglichen Unterricht der Klassen 1 bis 10. Sol Argent Media AG, Basel 2005

- Hannaford: Bewegung – Das Tor zum Lernen. VAK Verlags GmbH, Kirchzarten 2008

- Renate Zimmer: Handbuch der Bewegungserziehung. Verlag Herder im Breisgau 2004

- A. John Eyres: Bausteine der kindlichen Entwicklung. Berlin: Springer Verlag 2002

- Ursula Oppolzer: Bewegte Schüler lernen leichter. Ein Bewegungskonzept für Primarstufe und Sekundarstufe. Verlag modernes Lernen, Borgmann KG, Dortmund, 2004

- Paul E. Dennison, Gail E. Dennison: BRAIN-GYM, VAK Verlags GmbH, Kirchzarten 2004

- www.monikadrinda.de/resources/Artikel2_Comed.pdf (3.6.2012, 18.05)

- E. Dennison: Brain-Gym – Mein Weg. Lernen mit Lust und Leichtigkeit. VAK Verlag GmbH, Kirchzarten bei Freiburg 2006

- www.monikadrinda.de/resources/Artikel2_Comed.pdf (3.6.2012, 18.54)

- Lehrplan Sport für die Realschule in Hessen

- Wolfgang Amler, Dr. Wolfgang Knörzer: Fit in 5 Minuten – Bewegungspausen in Schule, Seminar, Beruf und Alltag; © 1999 Karl F. Haug Verlag, Hüthing GmbH, Heidelberg

- Paul E. Dennison: Brain-Gym – Das Lehrerhandbuch © VAK Verlags GmbH, Kirchzarten 1999